ACADÉMIE NATIONALE DE REIMS

LES FOUILLES DANS LA MARNE

depuis 1830

ET LE PROGRAMME

DE LA

SOCIÉTÉ ARCHÉOLOGIQUE CHAMPENOISE

Communication de M. Georges BOUSSÍNESQ
membre correspondant

REIMS

LUCIEN MONCE, IMPRIMEUR DE L'ACADÉMIE

71, rue Chanzy, 71

1913

ACADÉMIE NATIONALE DE REIMS

LES FOUILLES DANS LA MARNE

depuis 1830

ET LE PROGRAMME

DE LA

SOCIÉTÉ ARCHÉOLOGIQUE CHAMPENOISE

Communication de M. Georges BOUSSINESQ
membre correspondant

REIMS

LUCIEN MONCE, IMPRIMEUR DE L'ACADÉMIE

71, rue Chanzy, 71

1913

Extrait du Tome CXXXII

des Travaux de l'Académie de Reims.

(Tirage à 50 exemplaires.)

LES FOUILLES DANS LA MARNE

DEPUIS 1830

ET LE

Programme de la Société Archéologique Champenoise [1]

Communication de M. GEORGES BOUSSINESQ

membre correspondant

MESSIEURS,

Il y a quelques semaines, à l'issue d'une réunion du Comité de la Société Archéologique Champenoise, M. Jules Laurent, votre dévoué président, voulut bien me demander une communication sur l'importance des découvertes archéologiques en Champagne, particulièrement dans la Marne, et sur le programme que la jeune société se propose de remplir méthodiquement.

J'acceptais avec plaisir cette occasion de contribuer à vos travaux, sans me dissimuler néanmoins les difficultés d'un aperçu, même succinct, sur l'histoire des fouilles dans notre contrée.

Pour être complet, il faudrait remonter jusqu'au XVIII⁰ siècle. On rencontre déjà la relation de curieuses trouvailles dans l'histoire, si documentée pour l'époque,

[1] Communication lue à la séance de l'Académie du vendredi 14 mars 1913.

du bénédictin Dom Marlot. Mais, à vrai dire, même réduite à ses précisions les plus élémentaires, l'archéologie ne commence guère à devenir une science que dans le deuxième quart du xix⁰ siècle. Je laisserai donc de côté tout ce qui est antérieur à la monarchie de Louis-Philippe, y compris la *Dissertation* — fort intéressante pour l'époque — *sur les sépultures romaines et gauloises, découvertes hors de l'ancienne cité de Reims depuis le XVI⁰ siècle*, publiée en 1830 par l'excellent Povillon-Piérard.

Comme vous ne l'ignorez pas, Messieurs, c'est en 1833 que le « Comité des Travaux Historiques » fut institué sur l'initiative du ministre Guizot. Il ne tardait pas à se ramifier en plusieurs sections, dont l'une le *Comité des Arts et Monuments* se consacrait exclusivement, en 1837, à la description et la protection des vestiges du passé. Mais, à côté de cette administration en quelque sorte officielle, complétée bientôt par des commissions départementales, M. Arcisse de Caumont avait fondé à Caen, également en 1833, la *Société Française d'Archéologie*. Plus encore que les groupements organisés par les autorités, cette société privée, en réunissant un congrès annuel tour à tour dans chacune des grandes villes de France, en publiant le *Bulletin monumental*, devait puissamment contribuer à propager cette curiosité pour les civilisations disparues, qui constitue l'une des nouveautés intellectuelles du xix⁰ siècle. Elle trouva de suite dans le département de la Marne, et à Reims, un certain nombre de correspondants pleins de zèle, parmi lesquels MM. Louis Paris, les abbés Querry et Bandeville, trois des fondateurs de votre Académie. Mais, encore au berceau, l'archéologie ne pouvait être admise sur le pied d'égalité avec les sciences, les arts, les belles-lettres ou l'histoire locale, aussi ne figure-t-elle pas dans l'article premier de vos statuts, calqué sur le règlement des compagnies analogues.

En fait, sinon en droit, une assez large place lui fut néanmoins accordée. Le premier volume de vos *Annales* renferme, déjà, une communication sur les antiquités et médailles romaines découvertes à Reims de 1820 à 1840. Dès l'année 1845, un rapport de M. Ch. Dufour signale, dans notre ville, l'existence de trois cabinets d'antiques, réunis par MM. Louis-Lucas, Duquenelle et Duchesne. Ils ne renfermaient guère que des objets gallo-romains, mais il faut ajouter qu'on distinguait fort mal l'industrie des civilisations antérieures, confondues sous la dénomination de *civilisations celtiques*. Le plus riche de ces trois cabinets, celui de M. Louis-Lucas, possédait, entre autres raretés, une flèche en silex, probablement une flèche néolithique. Cette arme minuscule laissait votre rapporteur fort perplexe, se demandant comment les Celtes avaient pu donner au silex ces formes tranchantes, acérées, avant de savoir travailler les métaux.

On a souvent répété que l'archéologie est surtout une passion. Amateurs, collectionneurs et archéologues rémois, pour reprendre la classification de Victor Duquenelle dans son amusante *Physiologie de l'Antiquaire,* regrettaient que l'Académie, ouverte à toutes les disciplines, ne pût donner qu'une place secondaire à leur science de prédilection. Le 25 décembre 1845, les abbés Querry, Bandeville, Nanquette et Tourneur, MM. Louis Paris, Duquenelle, Aubert et Koriezowsky, tous membres de votre compagnie, se réunirent à l'Archevêché et décidèrent, séance tenante, qu'une succursale de la Société Française dirigée par M. de Caumont était fondée à Reims. Le bureau fut constitué par MM. Louis Paris, président ; l'abbé Querry, vice-président ; Auguste Marguet, secrétaire et Duquenelle, trésorier.

Je ne pense pas que l'activité de cette première société archéologique ait jamais été étudiée. C'est, en effet, tout récemment que les procès-verbaux manuscrits de ses séances, déposés depuis un demi-siècle dans une armoire de la Bibliothèque municipale, ont été rassemblés en volume par les soins de M. Jadart. Au risque de m'attarder trop longtemps dans les préliminaires, il ne me parait pas inutile de vous en dire quelques mots.

La nouvelle société avait confiance en ses destinées. Le 17 février 1846, elle se répartissait en six sous-commissions : *Liturgie, Arts, Histoire et Littérature, Archéologie, Numismatique, Blason*. Cette énumération suffit à vous montrer combien l'archéologie avait peine, vers cette époque, à préciser ses propres frontières. En réalité, les discussions ne portèrent, le plus souvent, que sur des points d'architecture monumentale. Le 11 décembre 1846, on trouve même dans les procès-verbaux le programme méthodique d'un cours d'*Archéologie sacrée*, qui devait comprendre l'architecture des catacombes, cryptes, basiliques, églises romanes et byzantines, l'iconographie des vitraux, sculptures, peintures, mosaïques, émaux, tapisseries, etc... Les fouilles, qui nous intéressent plus particulièrement aujourd'hui, n'étaient pas oubliées. Signalons, en avril 1846, une communication sur la découverte, près de la porte Cérès, d'une statuette de Minerve et d'un médaillon en bronze représentant l'éducation d'Achille ;

en juin, la description d'un cachet d'oculiste trouvé au Mont-Aimé.

Le président, Louis Paris, caressait le projet de grouper autour de lui tous les fouilleurs qui commençaient à devenir nombreux dans la région, et paraissaient très disposés à se mettre en relation avec une Société spéciale et locale. Malheureusement, la Société Rémoise ne devait avoir qu'une existence fort mesurée. A peine fondée, elle s'était heurtée à foule de difficultés matérielles.

Un peu trop à la légère, l'assemblée préparatoire avait accepté, comme organe officiel, un journal de combat : *La Champagne Catholique*, très discuté par l'opinion rémoise. Sur l'intervention de M. Duquenelle, il avait fallu se hâter de rapporter cette décision imprudente, non sans faire d'ailleurs quelques mécontents. De plus, malgré les efforts de l'abbé Nanquette, délégué au Congrès de Metz, et la bonne volonté personnelle de M. de Caumont, la Société Française ne fut que médiocrement flattée par l'offre de compter une succursale dans notre ville. Les archéologues rémois durent renoncer à l'affiliation, et se contenter du titre officiel, plus modeste, de Société Rémoise, au lieu de Française, pour la conservation des monuments historiques. Enfin, après le 30 avril 1847, ils disparaissent sans laisser aucune trace, dissous en quelque sorte par le départ de leur président.

Cet échec eut des conséquences regrettables. Sans doute, l'Académie recueillit une bonne partie de l'héritage. Depuis 1847, elle a fait preuve d'un souci constant pour les monuments de toutes les époques, et le *Répertoire archéologique de l'arrondissement de Reims* est l'une de ses publications les plus importantes.

Mais, à côté des recherches architecturales, l'étude du sous-sol mérite également de retenir l'attention. Jusqu'en 1853, le consciencieux Victor Duquenelle dressa, à peu près régulièrement, l'inventaire annuel des découvertes et des fouilles. Son activité se ralentit, dès cette époque, et c'est à peine, depuis lors, si l'on peut glaner, dans vos *Travaux,* quelques notices sur les antiquités gauloises ou gallo-romaines.

Jusqu'en 1859, il n'y aurait eu, d'ailleurs, à signaler aucune trouvaille vraiment sensationnelle. Cette même année 1859, un autre archéologue laborieux, A. Savy, publiait dans les *Mémoires de la Société d'Agriculture, Sciences et Arts de Châlons,* un catalogue alphabétique des communes de la Marne, où l'on avait trouvé des objets d'une industrie antique. Cinquante et une communes figurent sur ce relevé ; mais il s'agit parfois de découvertes antérieures à 1830, souvent de quelques monnaies ou poteries exhumées au hasard des labours, jamais de fouilles méthodiques, capables de fournir à l'archéologie des données scrupuleusement exactes.

De 1860 à 1870, au contraire, le sous-sol de la Marne fut éventré de toutes parts. Quelques fouilles heureuses déchaînèrent, sur le département, une bande de revendeurs et d'antiquaires, à la recherche de curiosités d'une valeur vénale, pillant sans autre mobile que le lucre, brisant tout ce qui n'était pas intact, laissant les fosses à demi explorées, sans même prendre la peine de noter l'emplacement des sépultures, Une foule d'objets divers s'entassèrent chez les particuliers, ou sous les vitrines du musée de Saint-Germain, fondé en 1862, mais la science archéologique n'avançait toujours pas.

Nous arrivons enfin à la première découverte véritablement fructueuse. Au mois de décembre 1872, un certain Jules Gavet qui fouillait pour le compte de MM. Édouard de Barthélemy et Alfred Werlé, mettait à jour sur le territoire de la commune de Berru, au lieu dit « le Terrage », la sépulture d'un guerrier couché sur son char. Parmi les objets du mobilier, figurait un superbe casque conique en bronze. Le *casque de Berru*, déposé immédiatement au Musée de Saint-Germain, fut étudié dans une quantité de mémoires. Il contribua, pour beaucoup, à retenir l'attention des savants, sur l'antiquité gauloise, jusqu'alors méconnue. « Il y a là — écrivait Alexandre Bertrand — les indices bien marqués d'une civilisation à part, qui n'est ni la civilisation romaine, ni la civilisation grecque, ni la civilisation étrusque, bien que ce soit avec cette dernière, qu'elle ait le plus de rapports. . . . .

... C'est là un problème des plus importants pour la France. L'art gaulois auquel se rattache le casque de Berru est comme un intermédiaire entre l'art dit celtique et l'art gallo-romain. Est-il besoin d'insister sur les conséquences probables découlant de pareils faits, et dont la première et non la moindre est le fractionnement de la grande unité celtique déjà si compromise à tant d'égards... »

Cette prestigieuse découverte fut suivie, à peu d'intervalle, d'une autre non moins intéressante. En 1874, M. Léon Morel, percepteur à Châlons-sur-Marne, qui depuis 1866 explorait le département, exhumait à *Somme-Bionne*, dans une sépulture à char analogue à celle de Berru, une superbe œnochoé en bronze, et surtout une petite coupe aplatie en terre noire, ornée de dessins rouges, absolument semblable à celles que l'on recueillait en Toscane ou dans l'Italie méridionale.

Enfin, le 9 avril 1876, M. Edouard Fourdrignier découvrait à son tour, sur le territoire de Somme-Tourbe, au lieu dit la *Gorge-Meillet*, sa fameuse double sépulture à char, dont le mobilier est le plus complet qu'on ait encore rencontré. Il comprenait des vases, une foule d'objets en bronze provenant du char et des harnais, une superbe œnochoé en bronze comme à Somme-Bionne, enfin un casque conique comme à Berru, sans parler des armes en fer. Ces trois découvertes : Berru, Somme-Bionne et la Gorge-Meillet, révélaient l'importance du Gaulois dans la Marne. Par répercussion elles donnaient plus d'intérêt, en quelque sorte, à une foule d'objets de même origine, passés jusqu'alors sous silence. Le directeur du Musée de Saint-Germain reconnaissait, peu de temps après, qu'il ne possédait pas moins de 400 et quelques vases, autant de bracelets, 152 torques, 250 fibules et 95 épées ou poignards provenant de la Marne, sans compter les pointes de lances en fer, les ceintures en bronze, les chaînes et chaînettes, les couteaux, les *umbo* de boucliers, les roues de char, les mors de bride, les boutons, appliques, pendeloques et nombre d'autres menus objets. Une carte, dressée sur sa direction, avec le concours de M. Léon Morel, indiquait déjà 72 localités de la Marne, où plus de 3.000 tombes avaient été explorées, parmi lesquelles 29 tombes de guerriers enterrés sur des chars, dans les communes de *Berru, Saint-Étienne-au-Temple, Somme-Bionne, Saint-Jean-sur-Tourbe, Somme-Tourbe, Suippe, Bussy* et *Sillery*.

Ce mode de sépulture demeurait, au contraire, fort rare dans les autres régions de la France ou sur la rive droite du Rhin. Tout naturellement le mot *Marnien* fut adopté par les archéologues pour distinguer le groupe ethnique si nettement caractérisé dans les cimetières de notre département. Pendant de longues années on devait diviser l'âge du fer en trois époques :

> *l'époque de Hallstatt* (du nom d'une station autrichienne en Tyrol), de l'an 800 à l'an 400 avant notre ère ;

> *l'époque de la Marne,* de l'an 400 à 250 ;

> *l'époque du Mont-Beuvray* (la Bibracte de César) ou *Beuvraisien*, déjà influencée par la civilisation romaine, dont l'industrie se retrouve fréquemment associée aux produits indigènes.

Et, d'après M. Edouard Fourdrignier, les caractères spécifiques du Marnien étaient *l'inhumation,* pour mode de sépulture, puis, dans le mobilier, la présence de vases à figures rouges, d'œnochoés en bronze, de casques à forme conique, *d'armes toutes en fer,* de nombreux ornements en corail et *l'absence complète de monnaies*[1].

L'histoire des fouilles se poursuit dans l'ordre inverse au classement chronologique des âges. Le fait n'a rien de surprenant. On connut d'abord le gallo-romain, puis le gaulois, enfin l'industrie des âges antérieurs, confondus pendant longtemps sous le nom de celtiques.

Ce n'est qu'en 1859 que les archéologues admirent définitivement les premières indications, bien rudimen-

---

[1] Edouard Fourdrignier adoptait encore ces caractères et ces dates extrêmes du Marnien en 1904. — Cfr : *Conférence-Promenade faite le 10 avril 1904 au Musée de Saint-Germain.*

taires encore, de Boucher de Perthes sur les objets récoltés par lui dans les alluvions quaternaires de la Somme[1]. En 1864, Gabriel de Mortillet commençait la publication de la première revue palethnologique : *Les Matériaux pour l'histoire de l'homme*. Enfin, le premier essai de classification de l'industrie du silex fut tenté en 1869. On distinguait deux grandes périodes : *l'âge de la pierre éclatée* ou *paléolithique, l'âge de la pierre polie*, plus récent ou *néolithique*, pendant lequel apparaissent les animaux domestiques et les céréales, manifesté aux regards par les monuments mégalithiques ; menhirs, dolmens, allées couvertes. Gabriel de Mortillet appelait ce dernier âge le *Roben-hausien*.

Les vestiges de l'âge néolithique, pour un archéologue averti, ne sont pas rares dans le sol. Or, le département de la Marne, très riche en cimetières gaulois comme nous venons de le voir, est également très fertile en stations de la pierre polie. Mais, tandis que les cimetières gaulois se trouvent presque tous au nord de la rivière de Marne, entre Reims, Châlons et Sainte-Menehould, autour de la Suippe, c'est, au contraire, l'arrondissement d'Épernay qui a fourni, de beaucoup, la contribution la plus importante aux découvertes néolithiques. La vallée du Petit-Morin est particulièrement fertile. Dès l'année 1871, le baron Joseph de Baye signalait sur le territoire de *Villevenard*,

---

[1] Les recherches de Boucher de Perthes commencèrent en 1828, mais son premier volume : *Antiquités celtiques et antédiluviennes*, ne parut qu'en 1847 et reçut un accueil très froid. C'est surtout grâce à l'intervention, en 1859, des anglais Joseph Prestwich et John Evans, que ses déductions furent généralement admises.

la station de *la Vieille-Andecy*. En 1872, dans la même commune, il découvrait un premier groupe de grottes taillées en pleine craie, et d'un type désormais classique, avec une anti-grotte et un couloir d'accès fermé par des pierres plates. Un peu plus tard, il explorait un second groupe de onze grottes sur le territoire de *Courjeonnet*, cinquante autres sur celui de *Coizard-Joches*, d'autres encore à *Oyes* et *Vert-la-Gravelle*. Ces cinq communes sont groupées sur un parcours de dix kilomètres au maximum. En réunissant le mobilier de ces diverses stations néolithiques : haches polies, couteaux, flèches à tranchant transversal, instruments en os, parures de coquillages, grains d'ambres, etc., le baron Joseph de Baye s'était constitué une collection d'une homogénéité parfaite, qui figure depuis quelques années au Musée national de Saint-Germain.

Il y aurait également quelques découvertes à signaler dans la région châlonnaise, nous nous contenterons de citer ici celle de l'ossuaire de la Croix-du-Cosaque. Dans une balastière, à 1.500 mètres de Châlons, sur une longueur de 6 mètres, M. Schmit mettait à jour en 1892, les ossements d'une quarantaine d'individus mêlés à des haches polies et une centaine de flèches à silex transversal. L'arrondissement de Reims est beaucoup plus riche. En 1885, M. Bosteaux-Paris décrivait au sommet du Mont-Berru un atelier des débuts du néolithique, où l'on fabriquait sur place des haches grossières ou *pics*, du type appelé *campignien*. Plus bas, vers la source du Sierdon, ruisselet qui alimente le village de Berru, il signalait, en 1888, un autre atelier néolithique ayant conservé tout son matériel intact : le bloc en silex de meulière servant

d'enclume, avec les encoches pour maintenir la pièce à
ébaucher, une foule de débris provenant de la taille,
les percuteurs pour la frappe, etc. Dans cet atelier on
ne fabriquait pas des pics campigniens, mais ces *silex
pygmées*, ces instruments minuscules, burins, perçoirs
ou grattoirs entourés de fines retouches, qui carac-
térisent l'industrie dite *Tardenoisienne*, parce que les
premiers spécimens ont été découverts à Fère-en-
Tardenois. On rencontre également ces silex dans toute
la vallée de l'Ardre, et M. Pistat, de Bezannes, a pu en
recueillir une collection importante dans l'étendue des
cantons de Fismes, Ville-en-Tardenois et Dormans.

Il serait inutile de prolonger ce rappel de fouilles,
déjà fastidieux. Même en négligeant les silex paléolithiques encore assez rares, sauf dans les gravières de
Jonchery, Muizon, Champigny, vous pouvez vous rendre
compte, MESSIEURS, qu'une moisson abondante en
antiquités néolithiques, gauloises et gallo-romaines
est assurée pour l'archéologue sur tout le territoire de
la Marne, et particulièrement autour de Reims, aussi
bien dans la montagne que dans la plaine crayeuse. De
1880 à 1900, c'est par centaines qu'on pourrait relever
les trouvailles. Mais, à vrai dire, beaucoup sont à
jamais perdues pour la science archéologique. En
l'absence de toute société spéciale et locale, nombre
de fouilleurs se contentèrent de garnir leurs petites
collections, sans prendre la peine de rédiger la moindre
notice. Les plus ardents s'étaient affiliés à l'une ou
l'autre des nombreuses sociétés archéologiques siégeant
à Paris. Pour se renseigner sur les fouilles de la Marne,
il faut dépouiller d'innombrables périodiques : la
Revue Archéologique, le *Bulletin Archéologique du
Comité des Travaux Historiques*, le *Bulletin de la*

Société des Antiquaires et les *Mémoires,* les *Matériaux pour l'Histoire de l'Homme,* la *Revue Préhistorique,* la *Revue d'Ethnographie,* la *Revue Anthropologique,* sans compter les *Congrès de la Société Française pour l'avancement des Sciences,* et enfin, pour de trop rares communications, les travaux des sociétés savantes locales.

*
* *

Cette dispersion des efforts, cette absence de tout lien entre collectionneurs et archéologues, dans un pays aussi fertile que la Champagne et la Marne, devenait une véritable gageure. A la fin de l'année 1906, héritiers du passé glorieux des Nicaise, Blavat, Counhaye, Morel, Fourdrignier, etc. MM. Bosteaux-Paris, Pistat, Logeart, Gardez, Dumas, Demitra, Cauly, décidèrent de jeter les bases d'un groupement durable.

Une assemblée préparatoire fut convoquée le 26 décembre, un comité provisoire désigné et les statuts adoptés le 3 février 1907. La *Société Archéologique Champenoise* était fondée. Aux termes de l'art. 2, elle a pour but « de rapprocher les collectionneurs, de grouper « leurs efforts, de centraliser les renseignements, de « faciliter les recherches et les fouilles archéologiques, « de recueillir les objets et documents intéressant la « région et se rapportant à l'archéologie et à l'histoire ». Le Comité fut constitué par MM. Bosteaux-Paris, président ; Cauly, vice-président ; Logeart, secrétaire ; Gardez, trésorier ; sous la présidence d'honneur du Dr Octave Guelliot, qui pouvait ajouter à ses connaissances en préhistoire sa compétence spéciale d'ethnographe et d'anthropologue.

Comme vous le voyez, MESSIEURS, le besoin de centraliser les renseignements, ou, ce qui revient au même, le besoin de se tenir mutuellement au courant du mouvement archéologique, est un de ceux qui s'imposaient le plus aux fouilleurs de notre région. Comme toutes les sciences nouvelles, l'archéologie évolue, en effet, avec une rapidité déconcertante. D'années en années paraissent de nouveaux mémoires qui bouleversent les classifications antérieures, tout au moins les modifient considérablement.

Or, nombre d'archéologues convaincus, mais isolés dans leurs campagnes, loin des bibliothèques, des librairies, s'attardent aux classements désuets, ignorent les découvertes récentes, et par suite ne peuvent expliquer leurs propres fouilles avec toutes les précisions désirables pour fournir de solides matériaux aux synthèses futures. Même en laissant de côté les temps paléolithiques, encore fort peu représentés dans cette partie de la France, une foule de questions se posent depuis les premières années du xxe siècle.

Et d'abord la classification de l'époque néolithique est tout entière remise en discussion. Tandis que M. Rutot, archéologue belge, adoptait encore en 1907 la succession des niveaux *campignien, tardenoisien* et *robenhausien,* M. Déchelette, conservateur du Musée archéologique de Roanne, contestait, en 1908, la possibilité d'appliquer cette classification à la France. En l'absence de toute preuve stratigraphique, il ne consent à considérer le *campignien* que comme un faciès régional de l'industrie néolithique, en rapport direct avec la composition des roches exploitées. Quant au *tardenoisien,* il ne serait pas autre chose qu'un outillage spécial, répandu sur une ère géographique très vaste. Bien plus, voici que dans un ouvrage paru cette année même, M. Maurice Exsteens signale la découverte de silex pygmées associés à la faune du Renne, et dont la date se place, par conséquent, à la fin des temps paléolithiques.

Passons à l'âge du bronze. En 1891, M. Alexandre Bertrand avait nié son existence en Gaule. Cette opinion fut généralement adoptée, malgré le démenti d'un certain nombre de trouvailles. Aujourd'hui, elle ne résiste plus à l'examen, et, même dans nos contrées du Nord-Est, il semble bien qu'il y ait lieu de distinguer une période du bronze, entre la pierre polie et la première phase du fer.

L'âge du fer mérite dans nos contrées une attention toute particulière. Je vous rappelais, il y a un instant, comment les fouilles sensationnelles de Berru, Somme-Bionne et la Gorge-Meillet avaient fait adopter le mot « Marnien », pour désigner la civilisation gauloise de l'an 400 environ à 250 avant notre ère.

Aujourd'hui, chronologiquement, on ne distingue plus que le premier âge du fer, ou *époque de Hallstatt* (de 900 à 500), et le second âge du fer, ou *époque de la Tène* (de 500 au début de l'ère chrétienne).

L'abandon du mot « Marnien » s'explique par plusieurs raisons. D'abord, on découvre sur le territoire de la Marne, des cimetières hallstattiens de plus en plus nombreux. Ensuite, et surtout, il est impossible de continuer à isoler une phase de l'industrie gauloise entre les dates extrêmes 400 et 250 (av. J.-C.) Tous les archéologues sont d'accord, de nos jours, pour subdiviser l'époque de la Tène en trois sous-périodes, commençant approximativement vers le début du ve siècle, vers la mort d'Alexandre-le-Grand (323 av.

J.-C.), et la conquête de la Narbonnaise par les Romains (121 av. J.-C.) — Le « Marnien » ne coïncide donc plus avec la Tène I, comme le pensait Édouard Fourdrignier, mais se répartit entre les périodes de la Tène I et de la Tène II. En voici un exemple. Vous n'ignorez pas, MESSIEURS, que le British Museum s'est rendu acquéreur, en 1901, de la magnifique collection réunie par M. Léon Morel, pendant près de trente années de fouilles méthodiques. Or, le catalogue, publié en 1905 par le conservateur Charles Read (*A guide to the antiquities of the early iron age*), inaugure des catégories, dans cet ensemble considéré jusqu'alors comme homogène. Tout en maintenant dans la Tène I la plupart des cimetières explorés par M. Morel, savoir ceux de Somme-Bionne, Marson, Montfercaut, Courtisols, Prosnes, Bussy, Pleurs, Bergère-lès-Vertus, le savant anglais n'hésite pas à classer dans la Tène II les cimetières de Somsois, Wargemoulin, Mesnil-lès-Hurlus, Saint-Remy-sur-Bussy.

Les sépultures de la Tène III sont encore assez rares. Mais une explication fort plausible de leur rareté relative, c'est qu'elles sont plus difficiles à découvrir que les inhumations des périodes précédentes. Grâce à la couche de terre noire ou grise qui les recouvre, les inhumations, en effet, se signalent aisément aux yeux d'un fouilleur averti. Sur leur emplacement la végétation est plus haute, plus dense. Il n'en est pas de même au-dessus d'une incinération, qui ne peut guère être devinée qu'au hasard d'un coup de sonde. Néanmoins, depuis quelques années, les trouvailles se multiplient.

Un problème fort délicat est d'identifier le peuple

enseveli dans les cimetières de l'âge du fer. Deux opinions sont en présence. D'après les archéologues, et tout récemment encore d'après M. Déchelette [1], les plaines de la Marne furent occupées sans interruption, depuis le Hallstatt II jusqu'à la fin de la Tène II, par de puissantes tribus celtiques, dans lesquelles il est impossible de reconnaître les Belges de César. Ces derniers envahisseurs, venus d'outre-Rhin au milieu du iiie siècle, ne seraient représentés que par les pauvres incinérations de l'époque de la Tène III.

Mais, dans un article de la *Revue Archéologique*, M. Mazard s'étonnait déjà, en 1877, que le sol crayeux de la Champagne, réputé pour conserver admirablement les restes qui lui sont confiés, renfermât en si grand nombre les dépouilles de tribus inconnues, et nous dérobât, au contraire, l'importance du *peuple Rème* nettement affirmée par les textes. Une autre opinion verrait donc volontiers, dans les nécropoles de la Marne, non point les Celtes prédécesseurs des Rèmes, mais les Rèmes eux-mèmes. C'est, notamment, la conviction de M. G. Bloch, au tome Ier de l'*Histoire de France* [2] publiée sous la direction de M. Ernest Lavisse, c'est encore la thèse défendue par M. Camille Jullian dans sa magistrale *Histoire de la Gaule* [3].

Archéologues et historiens paraissent, ici, en contradiction formelle. Malgré les apparences, il ne serait pas impossible de les mettre d'accord. Toute la difficulté réside dans ce fait, que César classe les Rèmes

---

[1] DÉCHELETTE. *Archéologie protohistorique, époque de Hallstatt,* p. 578.

[2] *Histoire de France,* t. I, 2e partie, p. 38.

[3] *Histoire de la Gaule,* t. II, p. 187 et 485.

parmi les peuples de la Gaule-Belgique. Mais il n'en résulte pas qu'ils fussent, pour cela, les descendants des envahisseurs belges. Le gros de l'invasion s'était probablement arrêté plus au nord, et seule une infiltration assez faible conduisit de petits groupes jusqu'aux rives de la Vesle. Au moment de la conquête romaine, les Rèmes étaient peut-être restés encore plus Celtes que Belges, et l'on pouvait ainsi reconnaître leurs ancêtres dans les guerriers des fosses à char. Sur ce point, comme sur tous les autres en litige, la critique méthodique des fouilles apportera seule les précisions définitives, en vérifiant si, oui ou non, les peuplades de la Marne furent chassées de leurs domaines vers le milieu du IIIe siècle.

*
* *

Pendant ses six années d'existence, la jeune Société Archéologique Champenoise a déjà pu réunir, sur les diverses questions esquissées dans ce rapide aperçu, un ensemble de faits dont il faudra tenir compte.

Pour l'époque néolithique, je signalerai simplement deux grottes très curieuses découvertes par M. Roland, instituteur à Villevenard, toujours dans la vallée du Petit-Morin. Dans l'antigrotte de la première, déblayée en septembre 1909 à Villevenard, on peut remarquer, face au couloir d'accès, une pelle et une grille dessinées au charbon sur la craie. Ces dessins sont peut-être les plus anciens de ce genre. L'autre fut découverte sur le territoire de Courjeonnet, le 16 août 1911. L'une des parois est ornée d'une hache emmanchée, sculptée en relief sur 16 millimètres d'épaisseur.

Je rappelais, il y a un instant, que les produits de

l'âge du bronze sont encore rares dans la région. Néanmoins, en 1908, on découvrait à Pontavert, dans une propriété appartenant à Mme Bécret, sous une dalle de pierre, sept belles haches très bien conservées du type primitif dit *Morgien*.

Les cimetières hallstattiens sont de plus en plus nombreux. En 1908, M. Logeart en explorait un à Aussonce (Ardennes), un autre à Hauviné, près de Pontfaverger, en 1910. En 1909, M. Gardez en avait signalé un autre à Aguilcourt, dans l'Aisne, et M. Pistat à Villedommange, près Reims. Il est vrai que ces découvertes vont peut-être ouvrir de nouvelles discussions entre archéologues, car M. Déchelette n'en reconnaît pas un seul comme appartenant véritablement au fer de Hallstatt, et les range tous à l'époque initiale de la Tène. Il va sans dire que les cimetières autrefois dits marniens restent toujours les plus abondants, mais il faut insister sur les trouvailles relatives à la Tène III. En octobre 1910, le fouilleur du Musée archéologique de Reims, M. Jules Orblin, exhumait une urne à incinération de cette époque, au lieu dit « La Manielle », sur le territoire de Prunay. Deux mois plus tard, sur le territoire de Bétheny, près de la ferme Charpentier, le même fouilleur découvrait de nombreuses urnes funéraires, associées à des fibules et des monnaies gauloises.

Enfin, il faut signaler, dans le *Bulletin* de la Société, de nombreux travaux sur l'époque gallo-romaine : l'étude, par M. Demitra, d'un aqueduc découvert sous le boulevard Desaubeau ; des communications sur les anciennes fortifications de *Durocorter*, par le même ; une causerie sur les médaillons romains trouvés à Reims, par M. Bellevoye ; et, pour clore cette nomenclature, l'essai de reconstitution de notre ville au IIIe siècle de notre ère par votre vice-président, M. Kalas.

Comme vous le voyez, MESSIEURS, on peut affirmer que la Société Archéologique Champenoise a déjà fait beaucoup de besogne. Elle compte aujourd'hui 200 membres, disséminés sur le territoire de la Marne, de l'Aisne et des Ardennes. Elle se doit à elle-même d'occuper une place de plus en plus importante parmi les groupements analogues. A chacune des assemblées trimestrielles, de nombreux fouilleurs viennent exposer à la critique de leurs collègues la récolte de leur dernière campagne. Mais il ne suffit pas de multiplier les fouilles, il est nécessaire de les étudier avec méthode, d'en tirer autant que possible des précisions pour la science archéologique. Le Comité, qui se réunit tous les mois, se propose de mener une vaste enquête sur l'ensemble des résultats acquis, de relever une bibliographie complète du sujet, pour aboutir à dresser la carte archéologique de notre région.

Grâce au nombre très élevé de ses membres, nombre qui s'accroît sans cesse, la Société Archéologique Champenoise peut également assumer auprès du public une espèce de mission éducatrice, l'intéresser surtout à l'industrie gauloise. Trop d'esprits cultivés refusent encore d'admirer des antiquités qui ne proviennent pas des civilisations méditerranéennes. Et cependant les vases gaulois, les phalères de bronze comme celles de Somme-Bionne, ou de Ville-sur-Retourne trouvées en 1908 par M. Fourcart, les torques, les fibules, les casques, comme celui de Berru, témoignent d'un art linéaire dont les ondulations, les spirales, les rinceaux soutiennent la comparaison avec les produits harmonieux de l'art mycénien ou étrusque. Malheureusement, malgré les dons de généreux archéologues, les fouilles du gardien et l'acquisition de collections particulières, cette époque est encore mal représentée au Musée de Reims. Les plus belles pièces trouvées dans la Marne sont au Musée national de Saint-Germain. Aucun Français ne peut s'en plaindre, mais il est infiniment regrettable que la collection Léon Morel, à peine moins importante, ait passé la Manche. D'autres collections considérables existent encore dans la région, celles de M. Bosteaux-Paris à Cernay-lès-Reims, de M. Fourcart à Juniville, de M. Chance à Mailly, de M. Schmit à Châlons. Par une propagande active, en vulgarisant autour d'elle la connaissance de l'antiquité gauloise, la Société Archéologique sera peut-être assez heureuse pour empêcher de nouvelles pertes. Les vestiges de nos ancêtres font partie du patrimoine national. La cause sera gagnée le jour où les autorités responsables auront conscience de satisfaire le public, en consacrant quelques crédits à l'accroissement du Musée Archéologique.

G. Boussinesq,

Secrétaire-Adjoint de la
Société d'Archéologie Champenoise.

www.ingramcontent.com/pod-product-compliance
Lightning Source LLC
LaVergne TN
LVHW051132060726
842526LV00006B/2014